FORSCHUNGSBERICHTE DES LANDES NORDRHEIN-WESTFALEN

Nr. 1686

Herausgegeben

im Auftrage des Ministerpräsidenten Dr. Franz Meyers

vom Landesamt für Forschung, Düsseldorf

Prof. Dr. phil. Dr. med. h. c. Heinrich Kraut
Dipl.-Volksw. Dr. agr. Hermann Droste
Lebensmittelchemiker Dr. rer. nat. Friedrichkarl Jekat

Max-Planck-Institut für Ernährungsphysiologie, Dortmund

Untersuchungen über den Bedarf des Menschen an Calcium und Phosphor in Beziehung zum Stickstoffbedarf

Springer Fachmedien Wiesbaden GmbH

ISBN 978-3-663-06526-5 ISBN 978-3-663-07439-7 (eBook)
DOI 10.1007/978-3-663-07439-7

Verlags-Nr. 011686

Ursprünglich erschienen bei Westdeutscher Verlag, Köln und Opladen 1966.

Reprint of the original edition 1966

Gesamtherstellung: Westdeutscher Verlag ·

Inhalt

Einleitung

Für den Menschen stellen Calcium und Phosphor Nährstoffe dar, deren Zufuhr lebensnotwendig ist. Der Phosphor übt mehr Funktionen im Körper aus als irgendein anderes Element. In Verbindung mit Calcium bildet er den Hydroxylapatit, der Knochen und Zähnen Festigkeit und Struktur verleiht. 86% des Phosphors und 99% des Calciums liegen in diesen harten Geweben vor. Der restliche Phosphor befindet sich, wie auch der Calciumrest, in den Körperflüssigkeiten und in jeder Zelle, mit deren Funktion und Stoffwechsel sie verbunden sind. (Übersichtsdarstellungen über die Physiologie von Ca und P bei [1, 2, 3, 4, 5, 6, 7, 8].)

Folgende Funktionen des Phosphors seien hervorgehoben: der Energieumsatz im Muskel, der Stoffwechsel von Kohlenhydraten, Fett und Eiweiß, der Transportmechanismus der Fettsäuren. Phosphorlipide sind an Grenzflächenreaktionen beteiligt. Phosphor ist Bestandteil von Enzymen, beispielsweise des gelben Atmungsfermentes. Phosphat ist Baustein der Nucleinsäuren. Phosphationen tragen zur Pufferungskapazität von Zell- und Körperflüssigkeiten bei.

Calcium ist am Mechanismus der Blutgerinnung beteiligt; sein Fehlen verhindert die Umwandlung von Prothrombin in Thrombin. Es ist essentiell für den normalen Ablauf der Reizleitung im Nervengewebe, für die Regelung von Puls und Herzschlag, bei der Stabilisierung des Zellmilieus und bei der Ausbildung von bio-elektrischen Potentialen auf der Zelloberfläche. R. H. Wassermann [3] kommt in seiner Publikation »Calcium and Phosphorus Interactions in Nutrition and Physiology« zu dem Schluß, daß zwischen dem Stoffwechsel von Calcium und Phosphor augenscheinlich keine einfache, unkomplizierte Beziehung bestehe. Obwohl die eng miteinander verzahnte Wirkung beider Elemente in bestimmten Fällen primär durch physiko-chemische Auffassungen erklärbar erscheint, wird die Beziehung außerordentlich komplex, wenn man auch biologische Faktoren einbeziehen muß.

Von H. van Genderen [2] wird darauf hingewiesen, daß die Konzentration von Calcium im Darm für die Aufnahme von Phosphat aus dem Intestinaltrakt bestimmend ist. Bei alkalischer Diät kann es zur Bildung von schwer löslichem und somit schlecht resorbierbarem Tricalciumphosphat kommen, umgekehrt hemmt ein Überschuß von Phosphat die Resorption von Calcium.

Für das Zusammenspiel von Ca und P ist von Bedeutung, daß die alkalischen Phosphatasen zu ihrer Aktivierung zweiwertige Ionen, beispielsweise Mg^{++} oder Ca^{++} brauchen. Die Phosphat- und Calciumionenkonzentration in Blut und Gewebe wird durch Wechselbeziehungen zwischen den äußeren Knochen(salz)-schichten stabilisiert. Diese Regelung erfolgt verhältnismäßig rasch, während

die indirekte Beeinflussung über den Mechanismus Ca-Konzentration–Parathormon im Vergleich dazu langsam erfolgt.
Bei jeder Erhöhung des Phosphatgehaltes im Blut erfolgt eine Erniedrigung der freien Ca-Ionen und umgekehrt. Dadurch wird eine Ausfällung unlöslicher Ca-Phosphate verhindert, indem das Löslichkeitsprodukt von Ca-Phosphat nicht erreicht wird. Eine direkte hormonale Regelung des Phosphatgehaltes im Blut gibt es offenbar nicht.
Von E. Schütte [2] wird auf die beim Calcium festzustellende geringe Resorptions- und Umsatzgeschwindigkeit hingewiesen. Daher ergeben sich Schwierigkeiten bei der Ableitung des Calciumbedarfes aus den Ergebnissen von Stoffwechselbilanzversuchen, wenn diese im Vergleich zu der Langsamkeit des Ca-Umsatzes nur von kurzer Dauer waren, worauf insbesondere R. Nicolaysen [2] hingewiesen hat. Für die Einstellung der Bilanzen ist auch das große Calciumdepot der Knochen bestimmend, sie enthalten beim Erwachsenen rd. 1,4 kg Ca. Entgegen früheren Annahmen kommt es auch bei erwachsenen Tieren und Menschen zu einer verbesserten Ca-Resorption und Retention, wenn die Zufuhr nach Perioden mit schlechter Ca-Versorgung wieder erhöht wird. Die Ca-Bilanz ist nicht nur ein Resultat von Zufuhr und Ausscheidung. Man muß außerdem den Austausch zwischen gelöstem und mobilisierbarem Calcium in Betracht ziehen, was zu einer Erschwerung der Deutung der Bilanzergebnisse führen kann.

Ermittlung des Nährstoffbedarfes

Bei der engen Wechselbeziehung zwischen Calcium und Phosphor in der Physiologie und der großen funktionellen Bedeutung beider Mineralien muß es überraschen, wie wenig über den Bedarf an diesen Nährstoffen bekannt ist. Wenn auch ausgeglichene oder positive Bilanzen am Menschen noch keinen Aufschluß darüber geben, ob alle mit dem betreffenden Nährstoff verbundenen Funktionen voll erfüllbar sind, so bilden sie doch den Grundstock jeder Betrachtung des Nährstoffbedarfes. Es muß mindestens so viel zugeführt werden, daß der Körper auf längere Dauer keinen Verlust erleidet.
In unserem Institut werden seit mehr als 30 Jahren langfristige Stoffwechselbilanzversuche am Menschen ausgeführt. Technik und Organisationsform wurden von H. Kraut und A. Szakáll [9] entwickelt und später von E. Kofrányi und F. Jekat [10] modifiziert.
Führt man an der gleichen Person Bilanzuntersuchungen für mehrere Nährstoffe aus, so kann es sich ergeben, daß zu einem bestimmten Zeitpunkt für einen Nährstoff positive, für einen anderen negative und für einen weiteren ausgeglichene Bilanzwerte gefunden werden. Auf jede Veränderung der Zufuhr reagiert der Organismus in charakteristischer Weise. Wird etwa das Eiweißangebot einer im Stickstoffgleichgewicht befindlichen Person erhöht, so beobachtet man innerhalb einer kurzen Frist ein Ansteigen der Stickstoffausscheidung; schließlich kommt es wieder zum Bilanzwert Null. Umgekehrt führt Abzug an Nahrungsprotein erst zu negativer Bilanz und anschließend zu einem Spareffekt;

durch Verminderung der Ausscheidungen wird das N-Gleichgewicht wiederhergestellt, soweit dies innerhalb des Regelungsbereichs liegt. E. KOFRÁNYI [11] hat nachgewiesen, daß die Einstellung des Bilanzgleichgewichtes nach Veränderung der Nahrungszufuhr beim Stickstoff 10–14 Tage dauert. Kürzer ist diese Frist bei Alkalimetallen und wasserlöslichen Vitaminen, länger bei Kalk. Erst nach einer solchen Zeit kann man mit den eigentlichen Experimenten und speziellen Prüfungen beginnen, ohne Veränderungen der Bilanz durch Anpassung des Organismus befürchten zu müssen. Auf Grund dieser Erfahrung ziehen wir deshalb für die Ermittlung des Nährstoffbedarfs, wie wir sie hier durchführen, die Zeit der Adaptation nicht heran.

Mit Hilfe der Bilanztechnik lassen sich exakt nur der Minimalbedarf und die höchstzulässigen Zufuhrgrenzen der Nährstoffe ermitteln. Eine Versorgung des Organismus, die dauernd dessen Anpassungsfähigkeit strapaziert, kann nicht als normale Zufuhr empfohlen werden. Wenn auch Bilanzen allein keinen Aufschluß über die Höhe des Nährstoffbedarfs geben, so kann doch der Bereich, innerhalb dessen die wünschenswerte Höhe der Nährstoffversorgung liegt, aus den Ergebnissen der Bilanzen erkannt werden. Wie sich Versorgungshöhe, Bilanz und Empfehlungen für die Nährstoffzufuhr zueinander verhalten, möge folgendes Schema der Abb. 1 andeuten:

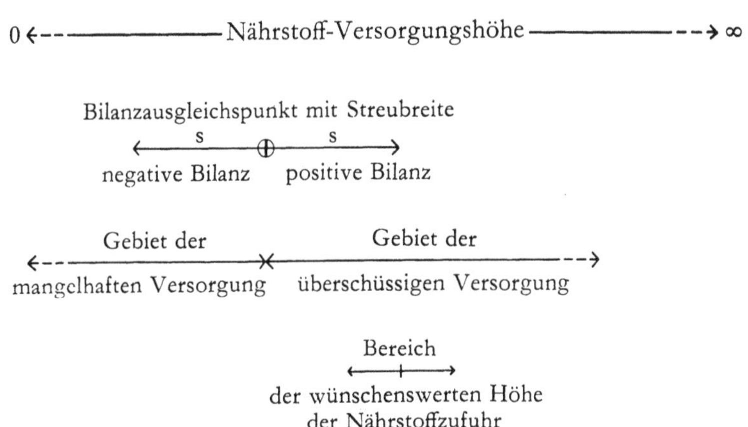

Abb. 1 Schematische Darstellung von Versorgungshöhe, Bilanz und Empfehlungen für die Nährstoffzufuhr

In einer späteren Abhandlung von H. KRAUT und Mitarbeitern [12] wird nachgewiesen, daß sich die Annahmen über die wünschenswerte Höhe der Nährstoffzufuhr bei Stickstoff, Calcium und Phosphor an der oberen Grenze des Streubereiches ausgeglichener Bilanzen befinden.

Untersuchungsmaterial

Für die Untersuchungen wurden die im Laufe der Zeit von 1942 bis 1965 in unserem Institut erstellten Nährstoffbilanzen herangezogen. Als Probanden dienten erwachsene, gesunde, zumeist männliche Personen, deren Lebensalter fast immer über 20 und unter 30 Jahren lag. Aus den Protokollen von ca. 3000 Bilanzwochen wurden nur solche Abschnitte ausgewählt, die eine bereits erfolgte Anpassung an die im Versuch vorgegebenen Bedingungen der Nährstoffzufuhr erkennen ließen. Bei dieser Auswahl fanden wir 910 Wochen von 49 Personen geeignet; von ihnen wurden 638 Wochen herangezogen, für die neben Stickstoff- und Phosphorbilanzen auch die Calciumbilanz erstellt worden ist.
Die Bilanzversuche waren zu verschiedenen Zeiten und unter zum Teil gegensätzlichen Bedingungen, wie extrem einseitige Kost–Mischkost, eiweißarme–eiweißreiche Speisen, körperliche Belastung–Ruhe, ausgeführt worden. Es finden sich unter ihnen Experimente, die der Ermittlung des Vitaminbedarfes dienen sollten, wie solche, die zur Aufklärung der biologischen Wertigkeit von Nahrungsproteinen angestellt wurden, oder andere, in denen man nach der gegenseitigen Beeinflussung verschiedener Nahrungsbestandteile gefragt hat. So unterschiedlich Fragestellung und äußerer Anlaß der betreffenden Versuche sein mochten, gemeinsam war ihnen allen die Organisationsform und Analysentechnik mit restloser Erfassung der Proben von Nahrung, Harn und Kot. Die Vielfalt der Versuche, die zugleich den Spielraum der Ernährungsbedingungen darstellt, konnte deshalb einer gemeinsamen Auswertung zugeführt werden.

Methodik der Auswertung

Die in Tabellen vorliegenden Ergebnisse der Bilanzversuche wurden mit Hilfe von IBM-Lochkarten ausgewertet und graphisch dargestellt. Die auf die Gewichtseinheit (g, mg) pro Person und Tag bezogenen Ergebnisse wurden zunächst auf mg (N, P, Ca) pro kg Körpergewicht und Tag umgerechnet. Wir sind uns darüber im klaren, daß der Bezug auf die Einheit des Körpergewichtes ebensowenig befriedigt wie der auf andere Größen, etwa die Körperoberfläche oder -länge. Aber die wahre Stoffwechselbezugseinheit ist noch nicht bekannt.
In früheren Versuchen [13, 14] hatten wir die Abhängigkeit der Stickstoff- und Phosphorbilanz von der Energiebilanz studiert und dabei signifikante Beziehungen gefunden. Wir haben die Gelegenheit der Sichtung des vorhandenen Bilanzmaterials dazu benützt, außer den Calcium- und Phosphorbilanzen auch die Stickstoffwerte in diese Untersuchung einzubeziehen.
Aus den Versuchen ergaben sich für jeden Bilanzpunkt drei Werte für die Aufnahmen an N, P, Ca und drei Werte für die entsprechenden Bilanzen. Aus diesen wurden die im folgenden dargelegten Regressionswerte errechnet. Die einfache Regression gibt die Beziehung zwischen Aufnahme und Bilanz eines Nährstoffes wieder. Zur Erkennung des Maßes der gegenseitigen Beeinflussung und Abhängigkeit der drei Nährstoffe dienten multiple Regressionen.

Ergebnisse

Aufschlüsselung des Materials

Stickstoff, Phosphor und Calcium liegen in der Nahrung normalerweise nicht in konstanten Mengen vor; jedoch steht das Angebot dieser drei Nährstoffe zueinander meist in einem bestimmten Verhältnis. So wird in den Recommended Dietary Allowances des Food and Nutrition Board der USA [15] beispielsweise darauf verzichtet, eine Empfehlung für die P-Aufnahme zu geben, mit der Begründung, daß eine an Eiweiß und Calcium ausreichende Kost im allgemeinen auch genügend Phosphor enthält. Entsprechende Beobachtungen über die Proportionalität des Nährstoffgehaltes der Nahrung können wir bei der Planung unserer Stoffwechselbilanzversuche machen. Diäten, die arm an Eiweiß sind, enthalten auch wenig P und Ca, niedrige Kaliumversorgung ist stets mit entsprechend niedriger Mg-Zufuhr gekoppelt, und die Absenkung des Spiegels eines einzigen Vitamins in der Kost ist durch diätetische Maßnahmen kaum zu erzielen, ohne daß gleichzeitig die Versorgung mit anderen Vitaminen beeinträchtigt wird.

Die Aufschlüsselung des Untersuchungsmaterials, zunächst für die N- und P-Bilanzen, wurde durch Einteilung in sechs Gruppen nach steigendem $\frac{N}{P}$-Quotienten vorgenommen. Das Ergebnis zeigt Tab. 1:

Tab. 1 Aufschlüsselung der N- *und* P-*Bilanzen nach dem* $\frac{N}{P}$-*Quotienten*

Gruppe	$\frac{N}{P}$-Quotient	Anzahl *n*	Anzahl in % der Gesamtmenge
00	< 8	21	2,3
01	8–14,9	638	70,1
02	15–19,9	95	10,5
03	20–24,9	112	12,3
04	25–29,9	32	3,5
05	>30	12	1,3
		910	100,0

In der Guppe 01 liegt ein $\frac{N}{P}$-Quotient vor, wie er auch bei der hierzulande üblichen Mischkost zu finden ist. In dieser Gruppe sind sieben Zehntel aller Werte enthalten. Für die statistische Auswertung haben die Gruppen 00, 04 und 05 keine Bedeutung. Sie sind insofern erwähnenswert, als sie zeigen, welche extremen Abweichungen vom üblichen $\frac{N}{P}$-Verhältnis möglich sind und von einer Anzahl von Personen ohne Schwierigkeiten und Schäden vertragen wurden.

In der oben angeführten Untersuchung von H. KRAUT und Mitarbeitern [12], die sich nur auf Bilanzversuche mit gemischten Kostformen (Normalverpflegung) bezog, waren 480 Bilanzversuche an 27 Versuchspersonen – also rd. die Hälfte des Materials dieser Untersuchung – ausgewertet worden. Bei Aufnahmen (bezogen auf kg Körpergewicht/Tag) von 127 mg N, 16 mg P und 11 mg Ca war die Bilanz im Durchschnitt ausgeglichen. Den Versorgungsbereich, der durch den Schnittpunkt der Regressionsgeraden mit der Null-Linie der Bilanz und dessen Schwankungsbreite gekennzeichnet ist, haben wir Ausgleichsbereich benannt; darüber liegt das Überschußgebiet, darunter der Mangelbereich. Die Zahlenwerte für diese Bereiche geben wir in der nachstehenden Zusammenstellung wieder:

Versorgungskennzahlen

Nährstoff (Bilanz-element)	Zufuhren in mg/kg Körpergewicht/Tag		
	(a) Mangelbereich	(b) Ausgleichsbereich	(c) Überschußbereich
N	<89,4	89,5–163,8	163,9<
P	<12,1	12,2– 19,5	19,6<
Ca	< 5,6	5,7– 15,5	15,6<

Die drei Gruppen mangelhafte, ausgeglichene und überschüssige Versorgung werden durch Kennziffern (a), (b), (c) charakterisiert, die wir zur weiteren Aufschlüsselung unseres Bilanzmaterials benützt haben. Es lassen sich beliebige Kombinationen heraussortieren, etwa Versuche mit hoher Ca-Versorgung aber geringer N-Zufuhr. Die genannte Gruppierung läßt sich durch die Ziffern Ca (c), N (a) beschreiben. Die Ergebnisse der Sortierungen lassen Rückschlüsse auf die Art der Versuche zu. Sie sind in den Tab. 2, 3 und 4 wiedergegeben:

Tab. 2 Aufschlüsselung der P- *und* N-*Bilanzen nach Versorgungskennzahlen* ($n = 908$)

Nährstoff	N (a)		N (b)		N (c)	
	Anzahl	% der Fälle	Anzahl	% der Fälle	Anzahl	% der Fälle
P (a)	68	7,5	42	4,6	1	0,1
P (b)	53	5,8	284	31,3	81	8,9
P (c)	48	5,3	174	19,2	157	17,3

Tab. 3 Aufschlüsselung der N- *und* Ca-*Bilanzen nach Versorgungskennzahlen* ($n = 638$)

Nährstoff	Ca (a)		Ca (b)		Ca (c)	
	Anzahl	% der Fälle	Anzahl	% der Fälle	Anzahl	% der Fälle
N (a)	3	0,5	5	0,8	45	7,1
N (b)	33	5,2	252	39,5	97	15,2
N (c)	6	0,9	153	24,0	44	6,9

Tab. 4 Aufschlüsselung der Ca- *und* P-*Bilanzen nach Versorgungskennzahlen* ($n = 638$)

Nährstoff	P (a)		P (b)		P (c)	
	Anzahl	% der Fälle	Anzahl	% der Fälle	Anzahl	% der Fälle
Ca (a)	3	0,5	9	1,4	26	4,1
Ca (b)	3	0,5	250	39,2	161	25,2
Ca (c)	2	0,3	37	5,8	147	23,0

Unter diesen Bilanzversuchen ($n = 908$ bzw. $n = 638$) sind extrem einseitige Nährstoffkombinationen, wie mangelhafte P-Versorgung bei Überschuß an Stickstoff, reichliche Calciumzufuhr bei niedrigem Phosphorangebot oder überschüssige Stickstoffversorgung bei gleichzeitigem Mangel an Kalk nur selten vorhanden. In erwähnenswertem Umfange trifft man zusammen an: reichliche P-Zufuhr bei normalem N-Gehalt der Kost, reichliche Stickstoff- und Phosphorversorgung. Solche Fälle treten auch in der täglichen Ernährung auf. Jedoch das Schwergewicht unserer Bilanzen läßt eine starke Konzentration der Fälle in den Kombinationen P normal und N normal, N normal und Ca normal sowie Ca normal und P normal erkennen.

Regressionsanalyse

Die Berechnung der einfachen Regressionen führte zu folgenden Ergebnissen:

1. Die Abhängigkeit der Stickstoffbilanz (y) von der Stickstoffaufnahme (x) (Angaben in mg N/kg Körpergewicht/Tag)

$y = -18{,}26 + 0{,}1492\,x$

$\bar{y} = 4{,}985$ mg N (mittlere Bilanz)

$\bar{x} = 155{,}8$ mg N (mittlere Aufnahme)

$s = \pm 12{,}32$ mg N

$x_{y=0} = 122{,}4 \pm 92{,}6$ mg N

2. Die Abhängigkeit der Phosphorbilanz (y) von der Phosphoraufnahme (x) (Angaben in mg P/kg Körpergewicht/Tag)

y	$= -1{,}826 + 0{,}1114\,x$		
$\bar{y}$	$= 0{,}5943$	mg P	(mittlere Bilanz)
$\bar{x}$	$= 21{,}71$	mg P	(mittlere Aufnahme)
s	$= \pm\, 2{,}19$	mg P	
$x_{y=0}$	$= 16{,}38 \pm 19{,}65$	mg P	

3. Die Abhängigkeit der Calciumbilanz (y) von der Calciumaufnahme (x) (Angaben in mg Ca/kg Körpergewicht/Tag)

y	$= -2{,}041 + 0{,}1443\,x$		
$\bar{y}$	$= -0{,}07136$	mg Ca	(mittlere Bilanz)
$\bar{x}$	$= 13{,}65$	mg Ca	(mittlere Aufnahme)
s	$= \pm\, 2{,}63$	mg Ca	
$x_{y=0}$	$= 14{,}14 \pm 18{,}22$	mg Ca	

$\bar{y}$, $\bar{x}$ = arithmetische Mittel von Bilanz und Aufnahme
$x_{y=0}$ = Punkt der ausgeglichenen Bilanz
s = mittlere Streuung der Beobachtungspunkte ($n = 638$) um die Regressionsgerade

Die Gleichungen der hyperbolischen Regressionsform lauten:

für N:
$$y = 16{,}44 - \frac{1680}{x}$$
$$s = \pm\, 12{,}97$$

für P:
$$y = 1{,}966 - \frac{23{,}98}{x}$$
$$s = \pm\, 2{,}06$$

für Ca:
$$y = 0{,}07116 - \frac{1{,}206}{x}$$
$$s = \pm\, 2{,}85$$

Die in der Arbeit von H. Kraut und Mitarbeitern [12] ermittelten Ergebnisse (I) stimmen mit unseren Resultaten (II) bei N und P für die Mittelwerte überein, wie aus der folgenden Zusammenstellung hervorgeht. Nur die Streubreite ist bei unseren Versuchen größer. Bei Ca ist die Übereinstimmung geringer.
Hierzu sei bemerkt, daß die neben I aufgeführten Werte errechnet wurden aus gemittelten Werten, deren Anzahl rd. ein Zehntel unseres Untersuchungsmaterials ausmacht. Daraus erklärt sich die geringere Streubreite. Die eingeklammerten Werte stellen rein rechnerische Größen dar. Denn extrapoliert man bei Phosphor und Calcium nach links, so liegt der Minimumschnittpunkt im negativen Abschnitt.
Für die Darstellung der Bilanzverhältnisse in einem mittleren Bereich kann man die lineare Regression anwenden, wenn es im wesentlichen auf den Bilanzausgleichspunkt ankommt. Will man dagegen das Verhalten in beiden Extrem-

Vergleichende Zusammenstellung der zum Bilanzausgleich benötigten Nährstoffmengen N, P, Ca *(mit unterer und oberer Grenze des Streubereiches), die sich aus Versuchen mit normalen gemischten Kostformen* (I) *und aus Versuchen mit normalen gemischten Kostformen + extrem einseitig zusammengesetzten Kostformen* (II) *ergeben*

Nährstoff	Gruppe	Untere Grenze	Bilanzausgleich	Obere Grenze
Stickstoff	I	89,4	126,6	163,8
Stickstoff	II	39,8	122,4	205,0
Phosphor	I	12,23	15,88	19,53
Phosphor	II	(—3,27)	16,38	36,05
Calcium	I	5,60	10,57	16,17
Calcium	II	(—4,08)	14,14	32,37

(Alle Zahlenangaben in mg Nährstoff/kg Körpergewicht/Tag)

bereichen von Aufnahme und Bilanz untersuchen, muß man zu einer nichtlinearen Regressionsform, zum Beispiel der hyperbolischen Regressionslinie greifen. Mit ihr kann man testen, bei welcher hohen Aufnahme sich eine Sättigung einstellt und in welchem Ausmaß, ausgehend von extrem niedrigen Aufnahmen, der Organismus dem Bilanzausgleichspunkt zustrebt. Die hyperbolische Regressionslinie nähert sich asymptotisch der y-Achse. Geht man von extrem niedrigen Nährstoffaufnahmen aus und steigert die Zufuhr, so zeigt sie bereits bei geringer Erhöhung der Zufuhren starke Verbesserungen der Bilanz. Die Bilanzveränderung schwächt sich bei weiterer Zufuhrsteigerung ab; an einem bestimmten Punkt, den wir als Anpassungskoeffizienten A bezeichnen, entspricht die relative Bilanzveränderung genau der relativen Zufuhrveränderung. Geht man von A aus noch weiter nach rechts, so strebt die Bilanzveränderung gegen Null. Das bedeutet, daß noch so hohe Zufuhren allein keine Bilanzverbesserungen über die Sättigungshöhe hinaus erbringen können.

Mit dem mit 100 multiplizierten Bestimmtheitsmaß ($100\,B = 100\,r^2$) läßt sich ausdrücken, wie eng die durch einfache lineare Regression berechnete Beziehung je zweier Variablen ist. Das Ergebnis für N, P, Ca (Aufnahme und Bilanz) zeigt Tab. 5:

Tab. 5 Gegenseitige Abhängigkeit zweier Variablen (in %)

	N-Aufnahme	P-Bilanz	P-Aufnahme	Ca-Bilanz	Ca-Aufnahme
N-Bilanz	23*	27*	2	1	0,2
N-Aufnahme		10*	3*	0,4	3*
P-Bilanz			10*	8*	1
P-Aufnahme				8*	8*
Ca-Bilanz					15*

* Mit mindestens P = 0,01 gegen Null gesichert

Diese Ergebnisse lassen erkennen, daß nur zwischen einigen Größen ein stark signifikanter Zusammenhang besteht. Sicher handelt es sich dabei oft um Parallelitäten, zum Teil um funktionelle Zusammenhänge. Die Zusammenhänge zwischen den Aufnahmen der Nährstoffe sind durch die Zusammensetzung der Kost bedingt, wie es auch die Tab. 1–4 erkennen lassen.

Alle anderen Variablen, hier die Bilanzen, drücken den Zusammenhang von Stoffwechselvorgängen aus. So korreliert die N-Bilanz am meisten mit der P-Bilanz; der Zusammenhang ist höher als der zwischen N-Aufnahme und N-Bilanz. Alle Nährstoffbilanzen sind von ihrer zugeordneten Aufnahme abhängig. Kein Zusammenhang besteht aber zwischen Ca und N, sowohl was Aufnahme als auch was Bilanz betrifft. Anders ist es bei P und N. Alle Proteine sind sowohl N- als auch P-haltig. Ein Zusammenhang der Bilanzen ist also bei Auf- und Abbau gegeben. Dies zeigt sich daran, daß zwischen N- und P-Bilanz eine höhere Korrelation besteht als zwischen N- und P-Aufnahme.

Die mehrfache Korrelation zwischen N-, P- und Ca-Aufnahmen und -Bilanzen hat gegenüber den in Tab. 5 wiedergegebenen einfachen korrelativen Beziehungen keine Veränderungen erbracht. Daraus ist zu schließen, daß eine so ausgeprägte Querverbindung wie zwischen N-Bilanz und P-Bilanz zwischen den anderen relevanten Größen nicht besteht. Denn N-Aufnahme und P-Bilanz sowie P-Bilanz und Ca-Bilanz sind in viel geringerem Maße (rd. ein Drittel der einfachen linearen Korrelation von N-Bilanz zu P-Bilanz) voneinander abhängig. Eine gegenseitige Beeinflussung von Ca-Bilanz und N-Aufnahme oder von Ca-Aufnahme und N-Bilanz besteht nicht. Die hohe Korrelation zwischen N-Bilanz und P-Bilanz hatte sich bereits in vielen unserer Experimente erkennen lassen.

Wir geben an dieser Stelle eine Darstellung von Ergebnissen langfristiger Stoffwechselbilanzversuche wieder, die von F. Jekat und W. Keller durchgeführt wurden [14]:

Die aus den Kurven der Abb. 2 erkennbare durchgehende Beziehung zwischen Energieinhalt der Nahrung, Körpergewicht der Versuchspersonen und N- und P-Bilanzen konnte statistisch bestätigt werden. So korreliert das Körpergewicht mit der N-Bilanz [$r = 0{,}25$ bei Pfi und $r = 0{,}84$ bei He ($n = 77$), beide signifikant von Null unterschieden]. Weiterhin korrelieren N-Bilanz und P-Bilanz miteinander: $r = 0{,}59$ P_0 0,001 bei Pfi, $r = 0{,}62$ P_0 0,001 bei He. Es bedarf noch weiterer physiologischer Klärung, worin die Abhängigkeit von N- und P-Bilanzen begründet ist. Sicher kommt darin der Auf- und Abbau der zugleich N- und P-haltigen Proteine zum Ausdruck. Die Abb. 2 zeigt deutlich das divergierende Verhalten der Ca-Bilanz im Vergleich zu den N- und P-Bilanzen. Dies ist insofern von Wichtigkeit, als üblicherweise der Bedarf an P als das Anderthalbfache des Ca-Bedarfes angesetzt wird. Eine solche Beziehung wäre aber nur berechtigt, wenn zwischen Ca- und P-Aufnahme und zwischen Ca-Bilanz und P-Bilanz eine einigermaßen gesicherte Korrelation bestünde. Aus Tab. 5 geht hervor, daß dies nicht zutrifft. Man muß also Ca- und P-Bedarf unabhängig voneinander ermitteln (was nicht ausschließt, daß im Durchschnitt vieler Versuche und Erhebungen ein Verhältnis von 1 : 1,5 der Aufnahme von Ca und P resul-

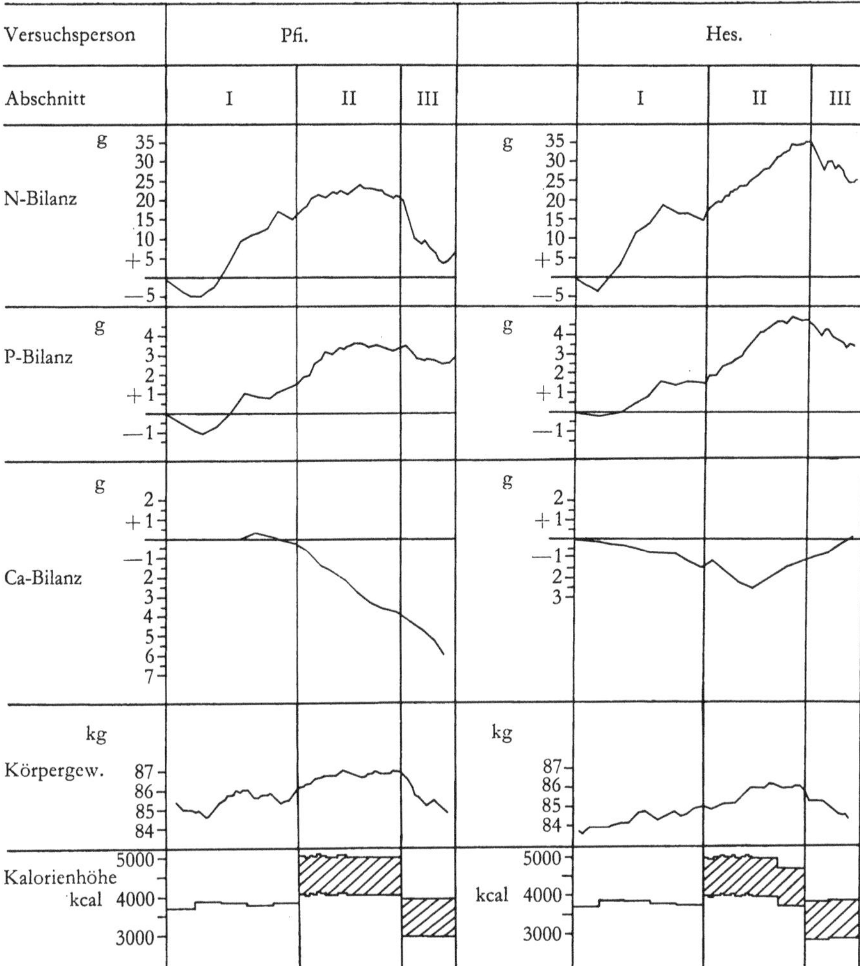

Abb. 2 Kurven für Energiezufuhr, Körpergewicht, kumulierte N-, P- und Ca-Bilanzen

tiert). Die Energiezufuhr betrug im Mittel aller Versuche ($n = 910$) 46,8 ± 6,8 kcal/kg Körpergewicht/Tag (± 6,8 = Standardabweichung s nach DIN 0051849); für eine 70 kg schwere Person ergibt sich daraus ein Versorgungsbereich von 2800 bis 3750 kcal/Tag.

Um das Verhalten der Bilanzen in extremen Aufnahmebereichen zu untersuchen, haben wir die hyperbolische Regression berechnet. Die theoretischen Bilanzwerte, welche sich bei längerer Dauer als Folge definierter Aufnahmen im Mittel einstellen würden, sind für Stickstoff, Phosphor und Calcium in den Tab. 6, 7 und 8 wiedergegeben. Die Bilanzausgleichspunkte beider Regressionsformen sind nicht wesentlich verschieden. Ein gesicherter Unterschied besteht nicht. Die Tab. 6–8 und die Abb. 3–5 lassen erkennen, daß sich die Sättigungshöhe der Bilanzen aus der hyperbolischen Regressionsform ermitteln läßt. (Angaben siehe

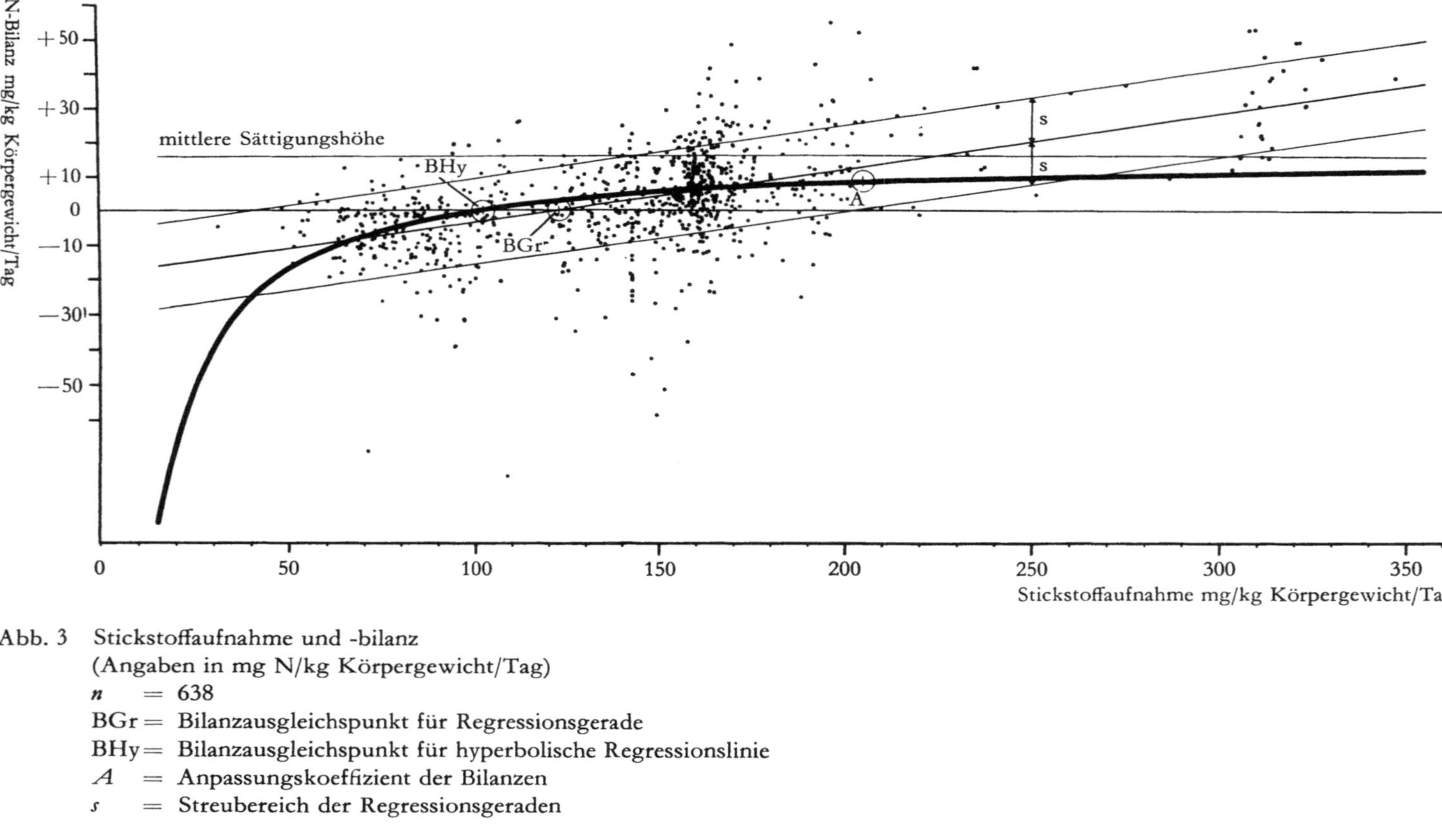

Abb. 3 Stickstoffaufnahme und -bilanz
(Angaben in mg N/kg Körpergewicht/Tag)
n = 638
BGr = Bilanzausgleichspunkt für Regressionsgerade
BHy = Bilanzausgleichspunkt für hyperbolische Regressionslinie
A = Anpassungskoeffizient der Bilanzen
s = Streubereich der Regressionsgeraden

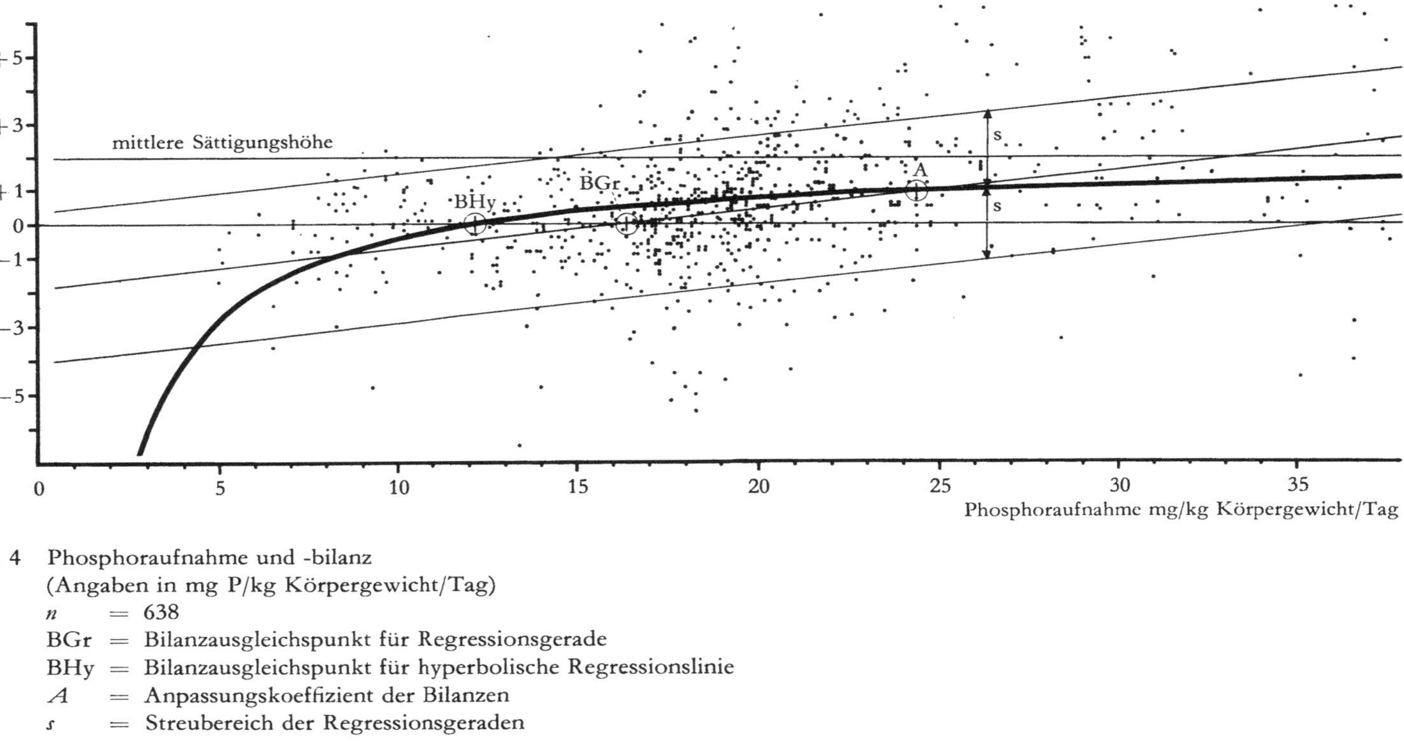

Abb. 4 Phosphoraufnahme und -bilanz
(Angaben in mg P/kg Körpergewicht/Tag)
n = 638
BGr = Bilanzausgleichspunkt für Regressionsgerade
BHy = Bilanzausgleichspunkt für hyperbolische Regressionslinie
A = Anpassungskoeffizient der Bilanzen
s = Streubereich der Regressionsgeraden

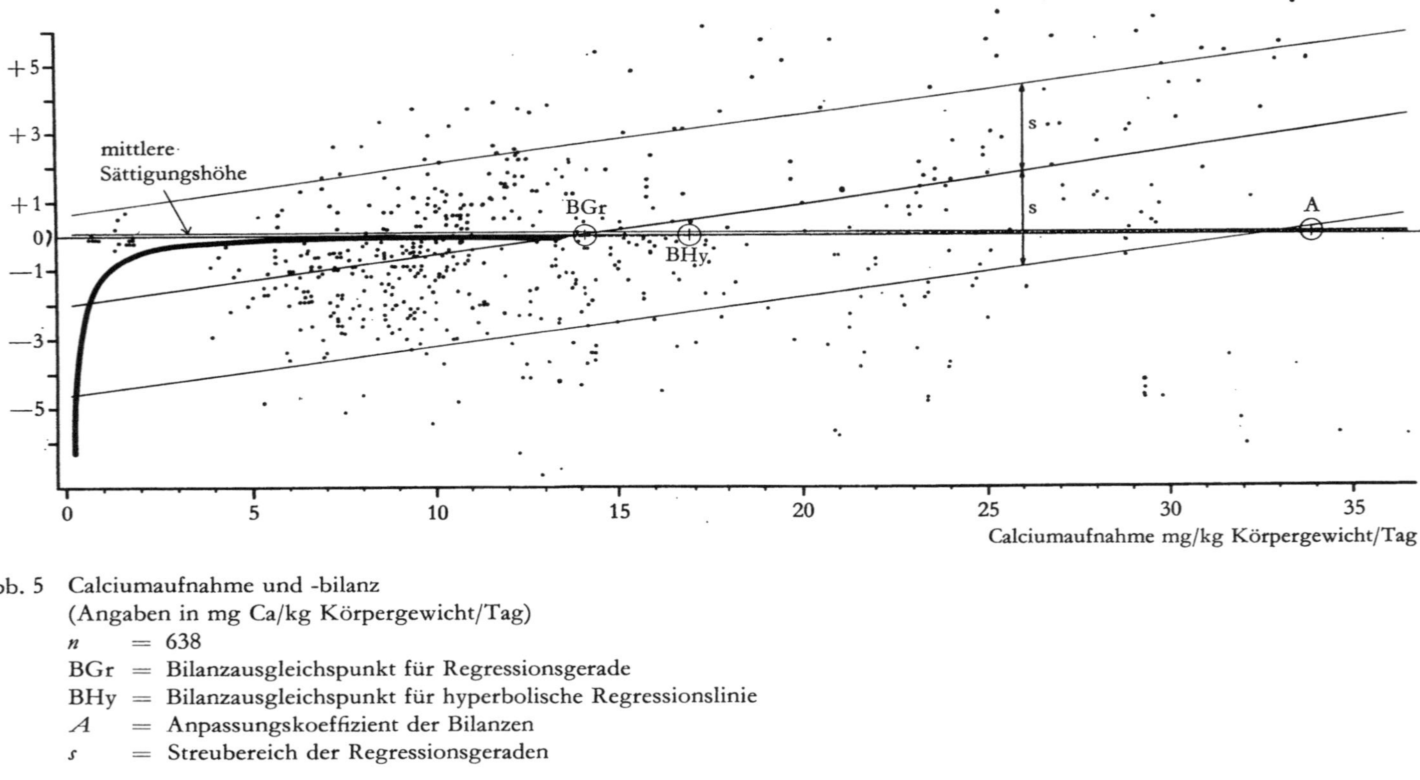

Abb. 5 Calciumaufnahme und -bilanz
(Angaben in mg Ca/kg Körpergewicht/Tag)

n = 638
BGr = Bilanzausgleichspunkt für Regressionsgerade
BHy = Bilanzausgleichspunkt für hyperbolische Regressionslinie
A = Anpassungskoeffizient der Bilanzen
s = Streubereich der Regressionsgeraden

Tab. 9, die die als gesichert anzusehenden Ergebnisse der Berechnungen enthält.) Daß sich bei niedrigen Aufnahmen die Hyperbel asymptotisch der Ordinate nähert, also unendlich negative Bilanzwerte anzeigt, scheint der experimentellen Ermittlung der sogenannten Abnutzungsquote beim Stickstoff zu widersprechen, nämlich der N-Ausscheidung bei der Aufnahme 0 und gedeckter Kalorienaufnahme. Aber dieser Widerspruch ist nur scheinbar. Die Abnutzungsquote zeigt nur an, wie rasch zu Beginn eines solchen Versuches der Proteinabbau erfolgt. Bekanntlich tritt nach wenigen Tagen eine rapide Zunahme der N-Ausscheidung ein, die anzeigt, daß die Aufnahme 0 mit dem Leben auf die Dauer nicht verträglich ist. Im unteren Bereich der Aufnahme ist es also sinnlos, nach einem Minimalwert der Funktion zwischen Aufnahme und Bilanz zu suchen.

Es kann danach nicht überraschen, daß es nicht gelang, durch die Berechnung einer sigmoiden Regressionskurve den Minimumpunkt der Funktion zwischen Nährstoffaufnahme und Bilanz zu finden.

Tab. 6 Stickstoffaufnahme und -bilanz
(in mg N/kg Körpergewicht/Tag)
Theoretische Werte der hyperbolischen Regressionsform

N-Aufnahme	N-Bilanz	N-Aufnahme	N-Bilanz
10	—151,6	210	8,4
20	— 67,6	220	8,8
30	— 39,6	230	9,1
40	— 25,6	240	9,4
50	— 17,2	250	9,7
60	— 11,6	260	10,0
70	— 7,6	270	10,2
80	— 4,6	280	10,4
90	— 2,2	290	10,6
100	— 0,4	300	10,8
110	1,2	310	11,0
120	2,4	320	11,2
130	3,5	330	11,3
140	4,4	340	11,5
150	5,2	350	11,6
160	5,9	360	11,8
170	6,6	370	11,9
180	7,1	380	12,0
190	7,6	390	12,1
200	8,0	400	12,2

Die Streuungen der Beobachtungspunkte um die Regressionslinie (s. S. 13 u. 14) sind bei beiden Regressionsformen nahezu von der gleichen Größenordnung. Statistisch ist also keiner der beiden Regressionsformen in bezug auf die Güte

Tab. 7 Phosphoraufnahme und -bilanz
(in mg P/kg Körpergewicht/Tag)
Theoretische Werte der hyperbolischen Regressionsform

P-Aufnahme	P-Bilanz	P-Aufnahme	P-Bilanz
1	—22,01	21	0,82
2	—10,02	22	0,88
3	— 6,03	23	0,92
4	— 4,03	24	0,97
5	— 2,83	25	1,01
6	— 2,03	26	1,04
7	— 1,46	27	1,08
8	— 1,03	28	1,11
9	— 0,70	29	1,14
10	— 0,43	30	1,17
11	— 0,21	31	1,19
12	— 0,03	32	1,22
13	0,12	33	1,24
14	0,25	34	1,26
15	0,37	35	1,28
16	0,47	36	1,30
17	0,56	37	1,32
18	0,63	38	1,33
19	0,70	39	1,35
20	0,77	40	1,37

der Anpassung an die Beobachtungspunkte der Vorzug zu geben, zumal die Ergebnisse in bezug auf den Bilanzausgleichspunkt keine signifikanten Unterschiede zeigen. Jedoch bietet die hyperbolische Regressionsform die Möglichkeit, das Anpassungsverhalten der Bilanzen bei hohen Nährstoffaufnahmen zu testen. Es ergeben sich folgende wichtigen Werte (Asymptoten der Hyperbel):

1. Sättigungshöhe
2. Anpassungskoeffizient der Bilanzen an die Zufuhr.

Als Sättigungshöhe bezeichnen wir den Wert der Bilanzen, der im Durchschnitt bei beliebiger Erhöhung der Aufnahmen nicht mehr überschritten wird. Es ist die Höhe, auf die sich die Bilanz im Durchschnitt bei extrem hohen Aufnahmen nach erfolgter Anpassung einstellt. Mathematisch ergibt sich dieser Wert durch die zur Abszissenachse parallel verlaufende Asymptote der Hyperbel ($y_{x \to \infty}$).
Die Sättigungshöhen sind (in mg Nährstoff/kg Körpergewicht/Tag):

für N $= 16 \pm 13$
für P $= 2{,}0 \pm 2{,}1$
für Ca $= 0{,}07 \pm 2{,}85$

Aus Abb. 3 ersieht man, daß eine Reihe von Stickstoffbilanzen bei Aufnahmen von rd. 300 mg N/kg Körpergewicht/Tag über der Sättigungsgrenze liegt. Ab-

Tab. 8 Calciumaufnahme und -bilanz
(in mg Ca/kg Körpergewicht/Tag)
Theoretische Werte der hyperbolischen Regressionsform

Ca-Aufnahme	Ca-Bilanz	Ca-Aufnahme	Ca-Bilanz
0,1	—11,989	17	0,000
0,2	— 5,959	18	0,004
0,3	— 3,949	19	0,008
0,4	— 2,944	20	0,011
0,5	— 2,341		
0,6	— 1,939	21	0,014
0,7	— 1,652	22	0,016
0,8	— 1,436	23	0,019
0,9	— 1,269	24	0,021
1	— 1,135	25	0,023
2	— 0,532	26	0,025
3	— 0,331	27	0,026
4	— 0,230	28	0,028
5	— 0,170	29	0,030
6	— 0,130	30	0,031
7	— 0,101		
8	— 0,080	31	0,032
9	— 0,063	32	0,033
10	— 0,049	33	0,035
		34	0,036
11	— 0,038	35	0,037
12	— 0,029	36	0,038
13	— 0,022	37	0,039
14	— 0,015	38	0,039
15	— 0,009	39	0,040
16	— 0,004	40	0,041

Tab. 9 Bilanzausgleich für N, P *und* Ca *bei linearer und hyperbolischer Regression*
(in mg/kg Körpergewicht/Tag)

	N	P	Ca
Bilanzausgleich linear	39,8/*122,4*/205,0	(—3,3)/*16,4*/36,1	(—4,1)/*14,1*/32,4
Bilanzausgleich hyperbolisch	*102,2*	*12,2*	17,*0*

(Vgl. Übersicht auf S. 15)

gesehen davon, daß auch die Sättigungshöhe einen gewissen Streubereich beinhaltet, muß zur Erklärung dieser hohen Bilanzen angeführt werden, daß es sich um Versuche mit Muskeltraining bei hoher Eiweißzufuhr handelt, bei denen eine hohe Stickstoffretention gezielt herbeigeführt worden ist [16].

Die höchsten zur Beobachtung gelangten Stickstoffaufnahmen zeigten Sechstagefahrer (Keller [17], Kraut [18]), und zwar bis zu 0,72 g N/kg Körpergewicht/Tag. Als normale Versorgung kann man eine Zufuhr von 0,15 g N/kg Körpergewicht/Tag ansprechen. Für einen Sechstagefahrer würde sich (ohne Berücksichtigung der Retention durch Muskelreiz) ein Bilanzwert von 14,1 $\pm$ 13 mg N/kg Körpergewicht/Tag errechnen lassen, für Normalverbraucher ein Bilanzwert von 5 $\pm$ 13 mg N. Sicher treten bei Sechstagefahrern auch negative Energiebilanzen mit zusätzlichem Stickstoffverlust auf, den sie in der Folge ausgleichen müssen. Es ist aber interessant festzustellen, daß es auch bei den sehr hohen N-Zufuhren der schwerstarbeitenden Sechstagefahrer nahezu zum N-Bilanzausgleich kommen kann, denn die Streubreite ist fast so hoch wie die Bilanz. Und beim Normalverbraucher bringt die hohe Streubreite zum Ausdruck, in wie weitem Umfang der Körper bei Schwankungen der Aufnahme das Gleichgewicht einregulieren kann.

Die Elastizität der Anpassung der Bilanzen an die Versorgung wird durch den Anpassungskoeffizienten gekennzeichnet. Aus seiner Höhe ist zu ersehen, daß die Bilanzen auf unterschiedliche Versorgung in verschiedener Weise reagieren. Verfolgt man die hyperbolische Regressionslinie im Bereich sehr niedriger Aufnahmen, so erkennt man, daß bereits geringe Zufuhrverbesserungen überproportionale Bilanzverbesserungen zur Folge haben. Der Anpassungskoeffizient $=1$ ($=A$) bezeichnet die Stelle, an der eine prozentuale Veränderung der Aufnahme eine ebenso hohe relative Bilanzveränderung nach sich zieht. Geht man von A über zu höheren Aufnahmen, so wird das Anpassungsvermögen schwächer und konvergiert gegen Null, während es in Richtung kleinerer Aufnahmen theoretisch über alle Grenzen wächst. Der Anpassungskoeffizient ergibt sich durch Ableitung der Hyperbel multipliziert mit dem Verhältnis von Aufnahme zu Bilanz. Den Anpassungskoeffizienten $=1$ ($=A$) können wir nach dem oben Gesagten als charakteristische Wendemarke bezeichnen. Er liegt für die untersuchten Nährstoffe bei folgenden Aufnahmen (in mg Nährstoff/kg Körpergewicht/Tag):

N = 204
P = 24,4
Ca = 33,8

Bei Betrachtung dieser Ergebnisse erscheint uns zweierlei von Bedeutung: Erstens ist das Verhältnis von N zu P beim Anpassungskoeffizienten $=1$ ähnlich wie das der üblichen Aufnahmen dieser Nährstoffe. Zweitens liegen die Wendemarken weit über den Bilanzausgleichspunkten. In der Nähe des Bilanzausgleichspunktes sind daher die Bilanzveränderungen in Abhängigkeit von der Aufnahme wesentlich größer als bei Punkt A. Durch die Berechnungen hat sich nachweisen lassen, was wir bei den Bilanzversuchen am Menschen empirisch seit langem durchführen: Wir arbeiten in den Aufnahmebereichen, die schnelle Bilanzeinstellung mit genügender Nährstoffversorgung verbinden.

Zusammenfassung

Langfristige Stoffwechselbilanzen für Stickstoff, Phosphor und Calcium ($n = 638$), soweit sie eine Anpassung an die Bedingungen der Nährstoffzufuhr hatten erkennen lassen, wurden statistisch ausgewertet. Die Versuchsbedingungen, denen sich 49 gesunde, meist männliche Personen von 20 bis 30 Jahren unterworfen hatten, umfaßten bei ausreichender Kalorienzufuhr extrem einseitige (einförmige) und normale gemischte Kost, verschieden hohe Nährstoffversorgung und unterschiedliche körperliche Belastung. Die Bilanzaufstellung war auf Grund restloser Erfassung und Analyse der Proben von Nahrung und Ausscheidungen erfolgt.

Die Ergebnisse von Aufnahme und Bilanz wurden auf mg Nährstoff (Bilanzelement) pro kg Körpergewicht und Tag umgerechnet. Die Aufschlüsselung des Untersuchungsmaterials ergab eine starke Konzentration der Fälle mit normaler Höhe der Nährstoffzufuhr.

Berechnet wurden die einfache und multiple lineare sowie die hyperbolische Regression; die Abhängigkeit der Nährstoffbilanz von der Aufnahme wurde in Formeln gefaßt und die Bilanzausgleichspunkte ermittelt; sie liegen bei Aufnahmen von 102–127 mg N, 12–16 mg P und 14–17 mg Ca/kg Körpergewicht/Tag.

Aus den Berechnungen ergibt sich, daß weder der linearen noch der hyperbolischen Regressionsform in bezug auf die Güte der Anpassung an die Beobachtungspunkte der Vorzug gegeben werden kann, weil signifikante Unterschiede in der Lage der Bilanzausgleichspunkte und zwischen den Streubreiten der Beobachtungspunkte um die Regressionslinien nicht bestehen.

Mit der hyperbolischen Regression ließen sich ferner berechnen: die Sättigungshöhe, das heißt der Bilanzwert, der im Durchschnitt bei beliebiger Erhöhung der Aufnahme nicht mehr überschritten wird, und der Anpassungskoeffizient, der die Elastizität der Anpassung von Bilanzwerten an die Versorgungshöhe kennzeichnet. Ein Minimalpunkt der Funktion zwischen Nährstoffaufnahme und Bilanz existiert nicht, denn die Aufnahme 0 ist mit dem Leben auf die Dauer unvereinbar.

Aus dem Bestimmtheitsmaß ergab sich zwischen N- und P-Bilanz eine hohe, zwischen Ca- und P-bilanz eine geringe zwischen N- und Ca-Bilanz keine Korrelation. Die Gültigkeit dieser Berechnungen konnte in einem Stoffwechselversuch an zwei Personen durch die Parallelität von N- und P-Bilanzen und ein davon divergierendes Verhalten der Ca-Bilanzen bestätigt werden.

Die Untersuchungen wurden aus Mitteln des Landesamtes für Forschung in Nordrhein-Westfalen gefördert. Dafür sei auch an dieser Stelle gedankt.

Literaturverzeichnis

[1] LANG, K., Biochemie der Ernährung. Dr. D. Steinkopff-Verl., Darmstadt 1957.

[2] VAN GENDEREN, H., Phosphatbedarf und Grenzen der Phosphatzufuhr. Z. Ernährungswiss., Suppl. 1, 32 (1960).
PROKOP, L., Mineral-, insbesondere Phosphatstoffwechsel und Leistungsfähigkeit. Ebenda, 44.
SWOBODA, W., Störungen des Phosphatstoffwechsels im Kindesalter. Ebenda, 47.
HAHN, F., Toxikologie der Polyphosphate. Ebenda, 55.
SCHÜTTE, E., Zur Physiologie des Calciumstoffwechsels. Ebenda, 65.
NICOLAYSEN, R., The Calcium Requirement of Man at all Ages. Ebenda, 71.
JESSERER, H., Zur Pathologie des Calciumstoffwechsels. Ebenda, 81.

[3] WASSERMANN, R. H., Fed. Proc. 19, 636 (1960).

[4] BÜHLMANN, H., Die physiologische Bedeutung des Calciums und seine therapeutische Anwendung in der Human- und Veterinärmedizin. Diss., Bern 1956.

[5] MALM, O. J., Calcium Requirement and Adaptation in Adult Men. Scand. J. Clin. & Laboratory Invest., Vol. 10, Suppl. 36 (1958).

[6] BORLE, A. B., B. E. C. NORDIN und B. COURVOISIER, Der Phosphor-Calcium-Stoffwechsel. Documenta Geigy Acta Clinica, Nr. 2, Basel 1963.

[7] BOURNE, G. H., The Biochemistry of Bone. Acad. Press, New York 1956.

[8] McLEAN, F. C., und M. R. URIST, Bone. Univ. Chicago Press, Chicago 1955.

[9] KRAUT, H., und A. SZAKALL, Arbeitsphysiologie 11, 408 (1941).

[10] KOFRÁNYI, E., und F. JEKAT, Hoppe-Seyler's Z. f. physiol. Chem. 335, 166 (1964).

[11] KOFRÁNYI, E., Hoppe-Seyler's Z. f. physiol. Chem. 320, 233 (1960).

[12] KRAUT, H., H. DROSTE, F. JEKAT und H. MÜLLER-WECKER, Verbrauchsempfehlung und Bilanz bei Stickstoff, Phosphor und Calcium. (unveröffentlicht.)

[13] KRAUT, H., und F. JEKAT, Z. Ernährungswiss., Suppl. 3, 84 (1963).

[14] JEKAT, F., und W. KELLER, Körperliche Schwerarbeit, Stickstoffbilanz und Phosphorbilanz. Ergonomics, Proceedings of the 2nd IEA. Congress, Dortmund 1964 P. 471

[15] Food and Nutrition Board der USA, Publication 589. Nat. Acad. of Science, Washington 1958.

[16] KRAUT, H., und E. A. MÜLLER, Biochem. Z. 324, 280 (1953).

[17] KELLER, W., Ernährungs-Umschau 5, 56 (1958).

[18] KRAUT, H., Int. Z. Vitaminforsch. XXXII, 3 (1962).

FORSCHUNGSBERICHTE DES LANDES NORDRHEIN-WESTFALEN

Herausgegeben im Auftrage des Ministerpräsidenten Dr. Franz Meyers
vom Landesamt für Forschung, Düsseldorf

MEDIZIN · PHARMAKOLOGIE

HEFT 84
Dr. med. habil. Dr. phil. Heinz Baron, Düsseldorf
Über Standardisierung von Wundtextilien
1954. 19 Seiten. DM 6,40

HEFT 94
Prof. Dr. phil. habil. G. Winter, Bonn
Die Heilpflanzen des MATTHIOLUS (1611) gegen Infektionen der Harnwege und Verunreinigung der Wunden bzw. zur Förderung der Wundheilung im Lichte der Antibiotikaforschung
1954. 58 Seiten, 1 Abb., 2 Tabellen. DM 11,50

HEFT 95
Prof. Dr. phil. habil. G. Winter, Bonn
Untersuchungen über die flüchtigen Antibiotika aus der Kapuziner- (Tropaeolum maius) und Gartenkresse (Lepidium sativum) und ihr Verhalten im menschlichen Körper bei Aufnahme von Kapuziner- bzw. Gartenkressensalat per os
1955. 74 Seiten, 9 Abb., 25 Tabellen. DM 14,—

HEFT 146
Dr.-Ing. F. Gruß, Düsseldorf
Sterilisation mit Heißluft
1955. 18 Seiten, 10 Abb. DM 7,70

HEFT 221
Dr. rer. nat. W. Meyer-Eppler, Institut für Phonetik und Kommunikationsforschung der Universität Bonn
Experimentelle Untersuchungen zum Mechanismus von Stimme und Gehör in der lautsprachlichen Kommunikation
1955. 41 Seiten, 24 Abb. DM 13,45

HEFT 237
Dr. med. Paul Endler und Dr. med. H. Ludes, Köln
Bericht über eine Studienreise zur Orientierung der heutigen Behandlung der Lungentuberkulose in den Vereinigten Staaten von Nordamerika
1956. 21 Seiten. DM 7,10

HEFT 257
Prof. Dr. med. Gunther Lehmann und Dr. med. J. Tamm, Max-Planck-Institut für Arbeitsphysiologie Dortmund
Die Beeinflussung vegetativer Funktionen des Menschen durch Geräusche
1956. 37 Seiten, 25 Abb., 3 Tabellen. Vergriffen

HEFT 258
Dr. med. Helmut Paul und Prof. Dr. Otto Graf, Sozialforschungsstelle an der Universität Münster, Dortmund
Zur Frage der Unfälle im Bergbau
1956. 41 Seiten, 9 Abb., 22 Tabellen. DM 11,20

HEFT 300
Prof. Dr. Erich Schütz und Privatdozent Dr. Heinz Caspers, Physiologisches Institut der Universität Münster
Tierexperimentelle Untersuchungen über die Alkoholwirkung auf Erregbarkeit und bioelektrische Spontanaktivität der Hirnrinde
1956. 32 Seiten, 6 Abb., 1 Tabelle. DM 9,55

HEFT 306
Prof. Dr. Bernhard Rensch, Münster
Elektrophysiologische Untersuchungen zur Analysierung der Bildung von Assoziationen und Gedächtnisspuren in Gehirn und Rückenmark
Prof. Dr. med. Dr. phil. Arnold Loeser, Münster
Akute und chronische Giftwirkungen sauerstoffhaltiger Lösungsmittel
1956. 23 Seiten, 9 Abb. DM 9,90

HEFT 325
Prof. Dr. phil. Eduard Schratz, Botanisches Institut Abt. Pharmazeutische Botanik der Universität Münster
Pharmakognostische Untersuchungen am Medizinal-Rhabarber
1957. 62 Seiten, 29 Abb., 3 Tabellen. DM 17,90

HEFT 347
Prof. Dr. med. Siegfried Ruff, Dr. med. Friedrich Kipp, Dr. med. Harald Hansteen und Dipl.-Physiologe Dr. med. Gerhard Müller, Bonn
Untersuchungen zur Frage der Gehörschädigung des fliegenden Personals der Propellerflugzeuge
1957. 42 Seiten, 27 Abb., 3 Tabellen. DM 11,10

HEFT 359
Dr.-Ing. Franz Josef Meister, Düsseldorf
Veränderung der Hörschärfe, Lautheitsempfindung und Sprachaufnahme während des Arbeitsprozesses bei Lärmarbeiten
1957. 74 Seiten, 11 Abb., 40 Audiogramme, zahlreiche Tabellen. DM 19,90

HEFT 371
Dr. phil. Wilhelm Lejeune, Köln
Beitrag zur statistischen Verifikation der Minderheiten-Theorie
1958. 90 Seiten, 14 Abb. DM 19,90

HEFT 387
Prof. Dr. med. Walter Kikuth und Dozent Dr. med. Ludwig Grün, Düsseldorf
Die Verhütung von Infektion durch Desinfektion des Raumes und der Raumluft
1957. 84 Seiten, 14 Abb., 20 Tabellen. DM 22,50

HEFT 394
Privatdozent Dr. med. Wilhelm Koch, Oberarzt der Orthopädischen Universitätsklinik und Poliklinik (Hufferstiftung) Münster
Direktor: Prof. Dr. med. O. Hepp
Die Ablagerung radioaktiver Substanzen im Knochen *1958. 188 Seiten, 147 Abb. DM 51,—*

HEFT 414
Dr. med. Heinz Karl Parchwitz und Dr. med. Cuno Winkler, Chirurgische Universitätsklinik und Poliklinik Bonn
Direktor: Prof. Dr. Alfred Gütgemann
Speicherung organischer Farbstoffe und künstlich radioaktiver Substanzen in Geschwülsten
1957. 34 Seiten, 14 Abb. DM 13,35

HEFT 416
Oberregierungsgewerberat Dipl.-Ing. Gerd Steinicke, Hamburg
Die Wirkung von Lärm auf den Schlaf des Menschen
1957. 34 Seiten, 14 Abb., 8 Tabellen. DM 11,60

HEFT 446
Dr. med. Gerhard Schäfer, Bonn
Glutationsstoffwechsel und Sauerstoffmangel
1957. 18 Seiten, 5 Tabellen. DM 6,40

HEFT 448
Dr. med. Cuno Winkler, Isotopen-Laboratorium der Chirurgischen Universitätsklinik Bonn
Ein Koinzidenz-Szintillometer zum Zwecke der Schilddrüsenfunktionsdiagnostik und der Tumordiagnostik *1957. 20 Seiten, 12 Abb. DM 8,35*

HEFT 467
Prof. Dr. Dr. h. c. E. Klenk und Dr. phil. Hans Faillard, Physiologisch-Chemisches Institut der Universität Köln
Neue Erkenntnisse über den Mechanismus der Zellinfektion durch Influenzavirus
Die Bedeutung der Neuraminsäure als Zellreceptor für das Influenzavirus
1957. 40 Seiten, 5 Abb. DM 14,40

HEFT 468
Prof. Dr. med. Dr. med. dent. Gustav Korkhaus und Dr. med. dent. Rudolf Alfter, Bonn
Die Vakuumwurzelbehandlung
1958. 48 Seiten, 60 Abb. DM 16,55

HEFT 486
Dozent Dr. med. Eberhard Lerche und Dr. med. Jost Schulze, Aachen
Hörermüdung und Adaptation im Tierexperiment
1958. 31 Seiten, 12 Abb. DM 10,55

HEFT 490
Im Auftrage der Forschungsgemeinschaft »Staub- und Silikosebekämpfung«
Zur Staub- und Silikosebekämpfung im Steinkohlenbergbau
1958. 90 Seiten, 47 Abb., 7 Tabellen. Vergriffen

HEFT 497
Oberarzt Dr. med. Gunter Mussgnug, Chirurgische Abteilung des Knappschafts-Krankenhauses Bottrop/Westf. Direktor: Prof. Dr. med. Blumensaat
Die Knochenveränderungen und der Knochenstoffwechsel beim Sudeck-Syndrom
1957. 46 Seiten, 18 Abb. DM 13,85

HEFT 517
Prof. Dr. med. Gunther Lehmann und Dr. med. Joachim Meyer-Delius, Max-Planck-Institut für Arbeitsphysiologie, Dortmund
Gefäßreaktionen der Körperperipherie bei Schalleinwirkung
1958. 24 Seiten, 12 Abb., 2 Tabellen. DM 9,15

HEFT 530
Prof. Dr. med. Otto Graf, Dr. R. Pirtkien, Dr. Dr. Joseph Rutenfranz und Dr. E. Ulich, Dortmund
Nervöse Belastung im Betrieb. I. Teil: Nachtarbeit und nervöse Belastung
1958. 52 Seiten, 10 Abb. Vergriffen

HEFT 538
Prof. Dr. Karl Hinsberg, Düsseldorf
Reaktion zur Frühdiagnose von Krebserkrankungen
1958. 14 Seiten, 1 Abb., 3 Tabellen. DM 7,—

HEFT 555
Dipl.-Phys. Karl Sellier,
Der Nachweis kleinster CO-Mengen in Körperflüssigkeiten
Aus dem Institut für Gerichtliche Medizin der Universität Bonn, Direktor: Prof. Dr. med. H. Elbel
1958. 22 Seiten, 12 Abb. DM 9,10

HEFT 556
Prof. Dr. Adolf Gütgemann und Dr. med. Gunther Karcher
Klinische und experimentelle Untersuchungen mit Hilfe einer künstlichen Niere
1958. 14 Seiten, 4 Abb. DM 7,10

HEFT 560
Prof. Dr. med. Josef Vonkennel und Dr. Günther Froitzheim, Universitäts-Hautklinik, Köln
Zur Prüfung silikohaltiger Hautschutzsalben
1958. 22 Seiten, 4 Tabellen. DM 8,95

HEFT 571
Privatdozent Dr. med. Werner Klosterkötter, Münster
Zur Wirkung der Kieselsäure bei der Entstehung der Silikose
1958. 152 Seiten, 96 Abb., 7 Tabellen. DM 41,95

HEFT 577
Prof. Dr. med. Siegfried Ruff, Dr. med. Kurt Krieger, Dr. med. Gerhard Schäfer, Dr. med. Wolfgang Hartwich, Bonn, Dr. med. Otto Wünsche, Bad Godesberg, Dr. med. Hans Braun und Dr. med. Harald Hansteen, Bonn
Untersuchungen zur therapeutischen Anwendung des Sauerstoffmangels. 1. Mitteilung
1958. 118 Seiten, 30 Abb., 8 Tabellen. DM 29,10

HEFT 581
Obermedizinalrat a. D. Dr. med. Friedrich Bassermann, Chefarzt der Heilstätte Donaustauf bei Regensburg. Aus dem Westdeutschen Tuberkulose-Forschungsinstitut an dem Sanatorium Rheinland, Honnef am Rhein Leiter: Medizinalrat Dr. W. Ohm
Elektronenoptische Untersuchungen an Ultradünnschnitten des Tuberkulose-Erregers sowie der käsigen Gewebsnekrose und zum Problem des Vorkommens einer mycobakteriellen L-Phase
1958. 64 Seiten, 28 Abb. DM 18,90

HEFT 619
Prof. Dr. med. Otto Graf und Dr. med. Dr. phil. Joseph Rutenfranz, Max-Planck-Institut für Arbeitsphysiologie, Dortmund
Zur Frage der Belastung von Jugendlichen
1958. 66 Seiten, 18 Abb., 12 Tabellen. Vergriffen

HEFT 626
Deutsches Krankenhaus-Institut e. V., Düsseldorf
Arbeitsabläufe auf Krankenstationen
1959. 264 Seiten, 59 Abb., 24 Tabellen. Vergriffen

HEFT 635
Dr.-Ing. Dieter Dieckmann, Max-Planck-Institut für Arbeitsphysiologie, Dortmund Direktor: Prof. Dr. med. Gunther Lehmann
Die Minderung der Schwingungsbelastung des Menschen in Kraftfahrzeugen
1958. 24 Seiten, 8 Abb., 1 Tabelle. DM 7,90

HEFT 679
Aus der chirurgischen Universitätsklinik Köln. Direktor: Prof. Dr. med. Victor Hoffmann, und der Arbeits- und Forschungsgemeinschaft für Stadtverkehr und Verkehrssicherheit Prof. Dr. Dr. Paul Berkenkopf Bearbeiter: Gernot Büttner
Die Verletzung von Autoinsassen. Ihre Entstehung und Verhütung
I. und II. Teil
1959. 393 Seiten, 180 Abb., 59 Tabellen. DM 66,—

HEFT 736
Dr. med. Walter Teusch, Leitender Arzt der Inneren Abteilung des St.-Michael-Krankenhauses Völklingen/Saar
Behebung der Störungen vitaler Lebensvorgänge und ihrer Folgestörungen
1959. 30 Seiten. DM 8,50

HEFT 855
Prof. Dr. Jörn Gleiss, Kinderklinik Medizinische Akademie, Düsseldorf
Soziologische Untersuchungen über die Säuglingssterblichkeit im Ruhrgebiet
1960. 31 Seiten, 5 Abb., 13 Tabellen. DM 9,90

HEFT 856
Prof. Dr. Heinrich Reploh, Dr. Günther Gängel und Dr. Alexander Nehrkorn, Hygiene-Institut der Universität Münster
Untersuchungen über den Einfluß von Abwasser-Organismen auf Krankheitserreger
1960. 26 Seiten, 11 Abb., 11 Tabellen. DM 8,60

HEFT 860
Prof. Dr. med. Dr.-Ing. Wilhelm Dirscherl und Privatdozent Dr. rer. nat. Karl-Oskar Mosebach, Physiologisch-chemisches Institut der Universität Bonn
Untersuchungen über die Wirkungsweise der Steroidhormone und den Umsatz der Organproteine
1960. 20 Seiten, 4 Abb., 3 Tabellen. DM 7,—

HEFT 899
Dr.-Ing. Franz Josef Meister, Akustisches Laboratorium in der Medizinischen Akademie Düsseldorf
Aufzeichnung und Schallanalyse von Herzimpulsen mit Anwendungsbeispielen der Wirkung von Schallschocks auf den Menschen
1960. 39 Seiten, 21 Abb. DM 13,50

HEFT 992
Prof. Dr. Siegfried Niedermeier, Chefarzt der Augenklinik der Städtischen Krankenanstalten, Krefeld
Verfeinerung der Technik der Netzhautoperation
1961. 22 Seiten, 10 Abb. DM 7,90

HEFT 996

Dozent Dr. Martin Zindler, Chirurgische Klinik der Medizinischen Akademie, Düsseldorf
Direktor: Prof. Dr. Ernst Derra
Künstliche Hypothermie für Herzoperationen mit Kreislaufunterbrechung Teil I
1961. 82 Seiten, 17 Abb., 6 Tabellen. DM 24,40

HEFT 1001

Dipl.-Phys. Günther Langner, Institut für Elektronenmikroskopie an der Medizinischen Akademie Düsseldorf
Direktor: Prof. Dr. med. H. Ruska
Die Informationsübertragung bei der Mikroskopie mit Röntgenstrahlen
1961. 125 Seiten, 25 Abb. DM 37,—

HEFT 1019

Prof. Dr. med. habil. Kurt Herzog, Chefarzt der Chirurgischen Klinik der Städtischen Krankenanstalten Krefeld
Zur Methodik der fortlaufenden graphischen Registrierung von Bewegungen der Gliedmaßengelenke des Menschen
1961. 59 Seiten, 26 Abb. DM 19,—

HEFT 1032

Prof. Dr. med. Wilhelm Bolt, Medizinische Universitätsklinik, Köln-Lindenthal
Lungenangiographie
1961. 40 Seiten, 30 Abb. DM 17,20

HEFT 1040

Dr. med. Ursula Dix, Augenklinik der Medizinischen Akademie Düsseldorf
Direktor: Prof. Dr. E. Custodis
Zur Frage der medikamentösen Verbesserung des nächtlichen Sehens
1962. 80 Seiten, 40 Abb. DM 26,50

HEFT 1049

Prof. Dr. med. Ludwig Grün, Medizinische Akademie, Düsseldorf
Die biochemischen Eigenschaften der Staphylokokken im Hinblick auf die Pathogenitätsbestimmung und Differenzierung der Keime zur Erkennung des Staphylokokken-Hospitalismus
1961. 61 Seiten. DM 19,50

HEFT 1080

Prof.-Ing. Ludolf Engel, Bergakademie Clausthal-Zellerfeld
Theorie der handgeführten schlagenden Druckluftwerkzeuge und experimentelle Untersuchungen insbesondere an Abbauhämmern im normalen und abnormalen Betrieb
1962. 86 Seiten, 53 Abb., 4 Tabellen. DM 39,—

HEFT 1103

Prof. Dr. med. Helmut Venrath, Dr. med. Paul Endler, Dr. med. Marta Pirlet, Dr. med. Karl Heinz Trippe und Günter Sander, VDI, Medizinische Universitätsklinik Köln
Direktor: Prof. Dr. med. Dr.-Ing. h.c., Dr. med. h.c. H. W. Knipping
Über eine neue Methode der regionalen Ventilationsanalyse mit Hilfe des radioaktiven Edelgases Xenon 133. (Isotopenthorakographie)
1962. 99 Seiten, 82 Abb., 6 Tabellen. DM 39,40

HEFT 1123

Prof. Dr. med. Dr. phil. Leo Norpoth, Dr. Theo Surmann unter Mitarbeit von Josef Clösges, Karl Tenderich, Wilhelm Oberwittler und Maria Schulze, Medizinische Abteilung des Elisabeth-Krankenhauses Essen
Bioptische, bio- und fermentchemische Magenuntersuchungen
1962. 60 Seiten, 18 Abb., 23 Tabellen, 1 Faltblatt. DM 26,—

HEFT 1130

Prof. Dr. Hans Maier-Bode, Pharmakologisches Institut der Rheinischen Friedrich-Wilhelms-Universität Bonn
Direktor: Prof. Dr. R. Domenjoz
Untersuchungen zur Frage nach einer etwaigen Aufnahme von Dieldrin aus Dieldrin-imprägnierter Wolle in den menschlichen Organismus
1962. 23 Seiten, 7 Tabellen. DM 10,80

HEFT 1161

Dozent Dr. med. Anton Oberdorf, Pharmakologisches Institut der Medizinischen Akademie Düsseldorf
Direktor: Prof. Dr. med. Fritz Hahn
Zur Pharmakologie des Bemegrid
Zugleich ein Beitrag zur Behandlung der Schlafmittelvergiftung
1963. 69 Seiten, 10 Abb., 10 Tabellen. DM 32,80

HEFT 1174

Deutsches Krankenhausinstitut e. V., Düsseldorf
Strahlenuntersuchungen und Strahlenbehandlungen — Organisation und Arbeitsablaufgestaltung in Strahlenabteilungen Allgemeiner Krankenhäuser
1963. 172 Seiten, 28 Abb., 29 Tabellen. DM 85,50

HEFT 1209

Prof. Dr. med. Rudolf Völker apl. Professor für Innere Medizin der Universität Göttingen, Ärztl. Direktor des Städt. Krankenhauses Bad Oeynhausen
I. Die Früherkennung der Herz- und Gefäßkrankheiten
II. Methodische Verbesserungen zur Funktionsdiagnostik cardiovasculärer Erkrankungen
1963. 40 Seiten, 25 Abb. DM 24,80

HEFT 1210
Dr. med. Elmar Schnepper, Chirurgische Klinik und Poliklinik der Universität Münster
Direktor: Prof. Dr. med. P. Sunder-Plassmann
Vergleichende experimentelle und klinische Untersuchungen von 60 Co-γ-Strahlen und 200 kV-Röntgenstrahlen
1963. 191 Seiten, 135 Abb., 17 Tabellen. DM 116,—

HEFT 1273
Prof. Dr. med. Bernhard Lüderitz und Dr. med. Walter Noder, Bäderwissenschaftliches Institut des Staatsbades Salzuflen an der Universität Münster in Bad Salzuflen
Über die Wirkung von Bädern mit verschiedenem Kochsalz- und CO_2-Gehalt auf Gesunde und Kranke mit Funktionsstörungen des kardio-pulmonalen Systems
1964. 48 Seiten, 4 Tabellen, 18 Diagramme. DM 22,70

HEFT 1340
Walter Pribilla, Medizinische Klinik der Städtischen Krankenanstalten Köln-Merheim
Direktor: Prof. Dr. H. Schulten
Erythrokinetik
Untersuchungen über die Destruktion und Produktion der Erythrozyten mit Cr 51 und Fe 59
1964. 90 Seiten, 27 Abb., 6 Tabellen. DM 46,—

HEFT 1376
Dr. med. Kurt Simon, Aprath/Rhld., Chefarzt der Kinderheilstätte Fachkrankenhaus für Atmungsorgane Aprath
Frequenzanalysen der Herztöne mit einem Herztonspektrographen
Dipl.-Ing. G. Kosel, Institut für Hochfrequenztechnik der Gesellschaft der astrophysikalischen Forschung e. V., Rolandseck
Elektronischer Herztonspektrograph
1965. 95 Seiten, 35 Abb., 14 Tabellen. DM 57,50

HEFT 1393
Prof. Dr. med. Jörn Gleiss, Kinderklinik der Medizinischen Akademie, Düsseldorf
Direktor: Prof. Dr. med. Karl Klinke
Zur Analyse teratogener Faktoren mit besonderer Berücksichtigung der Thalidomid-Embryopathie
1964. 138 Seiten, 1 Abb., 72 Tabellen. DM 33,40

HEFT 1417
Priv.-Dozent Dr. med. Hans Schlüssel, Medizinische Universitätsklinik Köln-Lindenthal
Direktor: Prof. Dr. Dr. Dr. med. H. W. Knipping
Die Klärreaktion
(Prüfung mit radioaktiven Markierungssubstanzen)
1964. 42 Seiten, 18 Abb., 8 Tabellen. DM 27,40

HEFT 1423
Priv.-Doz. Dr. med. Egon Wetzels, I. Medizinische Klinik der Medizinischen Akademie, Düsseldorf
Einzelfunktionen der Niere beim akuten Nierenversagen
1964. 90 Seiten, 25 Abb., 14 Tabellen. DM 42,80

HEFT 1426
Dr. med. Jürgen Stegemann, Max-Planck-Institut für Arbeitsphysiologie, Dortmund
Der Einfluß künstlicher Beatmung auf den arteriellen Kohlendioxyddruck, das arterielle pH und die Stoffwechselgröße
1964. 54 Seiten, 15 Abb., 2 Tabellen. DM 25,50

HEFT 1445
Dr. med. Wolfgang Keller, Max-Planck-Institut für Ernährungsphysiologie, Dortmund
Studie zur Ernährung bei zwei Stämmen in Nord-Tanganyika
1965. 49 Seiten, 8 Abb., 8 Tabellen, 8 Seiten Anhang. DM 14,80

HEFT 1446
Dr. rer. nat. Hildegard Zimmermann-Telschow, Max-Planck-Institut für Ernährungsphysiologie, Dortmund
Direktor: Prof. Dr. Dr. h. c. Heinrich Kraut
Die Veränderung der freien Aminosäuren im Nüchternserum des Menschen bei Ernährung mit Milchprotein
1965. 29 Seiten, 3 Abb., 8 Tabellen. DM 22,50

HEFT 1455
Dr. Ursula Lehr und Prof. Dr. Hans Thomae, Psychologisches Institut der Universität Bonn
Konflikt, seelische Belastung und Lebensalter
1965. 102 Seiten, 4 Abb., 16 Tabellen. DM 36,80

HEFT 1489
Prof. Dr. Johannes Blume, Strümp
Nachweis von Perioden durch Phasen- und Amplitudendiagramm mit Anwendungen aus der Biologie, Medizin und Psychologie
1965. 91 Seiten, 50 Abb., 2 Tabellen. DM 54,80

HEFT 1499
Dr. med. Dr. phil. Max Richard Wolff, Psychiatrische Klinik der Medizinischen Akademie und Rheinisches Landeskrankenhaus Düsseldorf
Direktor: Prof. Dr. Friedrich Panse
Untersuchungen über den Schlafverlauf bei Gesunden und bei psychisch Kranken
1965. 132 Seiten, 61 Abb., 16 Tabellen. DM 59,—

HEFT 1513
Prof. Dr. med. Dr. rer. nat. h.c. Dr. med. h.c. Hugo Wilhelm Knipping, Dr. rer. nat. Leo Priebe, Priv.-Doz. Dr. med. Hans Schlüssel, Medizinische Universitätsklinik Köln
Nuklearmedizinische Probleme der Bilddarstellung ebener radioaktiver Verteilung in Blutgefäßen und Geweben. Theorie und Ausführung einer physikalischen Bildverstärkeranlage
1965. 31 Seiten, 8 Abb. DM 28,80

HEFT 1516
Dipl.-Psych. Hans-Georg Greve und Dipl.-Psych. Oskar Meseck
Klärung des diagnostischen Wertes von Verfahren der psychologischen Eignungsuntersuchung
1966. 283 Seiten mit Fragebogenfassungen, Tabellen und Beobachtungsbogen im Anhang. DM 72,—

HEFT 1558
Prof. Dr. med. Fritz Menne,
Physiologisch-Chemisches Institut der Universität Münster
Untersuchungen über den Muskel- und Kreatinstoffwechsel im gesunden und kranken Organismus
1965. 42 Seiten, 5 Abb., 9 Tabellen. DM 25,—

HEFT 1569
Prof. Dr. Max Schneider, Direktor des Instituts für normale und pathologische Physiologie der Universität Köln
Überlebens- und Wiederbelebungszeit von Gehirn, Herz, Leber, Niere nach Ischaemie und Anoxie
1965. 29 Seiten, 5 Abb. DM 14,—

HEFT 1574
Priv. Doz. Dr. med. Peter Satter,
Chirurgische Klinik der Medizinischen Akademie Düsseldorf
Direktor: Prof. Dr. E. Derra
Das Verhalten des Herzminutenvolumens und die Kontrolle des Operationserfolges bei intrakardialen Eingriffen
1966. 73 Seiten, 60 Abb., 11 Tabellen im Anhang. DM 62,50

HEFT 1582
Dipl.-Ing. Dr. techn. Ernst Kofrányi und Dr. rer. nat. Friedrichkarl Jekat,
Max-Planck-Institut für Ernährungsphysiologie, Dortmund
Die biologische Wertigkeit von Kartoffelproteinen
1965. 29 Seiten, 10 Abb., 3 Tabellen. DM 14,80

HEFT 1583
Waldschuldirektor a. D. Karl Triebold, Rektor Albert Ritter und Chefarzt Dr. med. Karl Triebold,
Deutsche Gesellschaft für Freilufterziehung und Schulgesundheitspflege e. V., Brackwede
Die Freilufterziehung in ihrer Bedeutung für die Volksschule
1965. 137 Seiten, 1 Abb., zahlreiche Tabellen. DM 13,—

HEFT 1585
Dr. med. Hans Jacoby,
Medizinische Universitätsklinik Köln-Lindenthal
Direktor: Prof. Dr. med. Dr.-Ing. h. c. Dr. med. h. c. Hugo Wilhelm Knipping
Periphere Durchblutungskrankheiten im Spiegel der Mikrozirkulation mit repräsenrativen Farb- und Schwarz-Weiß-Bildern der terminalen Strombahn an der Lippenschleimhaut des Menschen und einer Einführung von Prof. Dr. med. Dr.-Ing. h. c. Dr. med. h. c. Hugo Wilhelm Knipping
1966. 71 Seiten, 34 Abb. DM 61,70

HEFT 1588
Priv.-Dozent Dr. med. Karlheinz Neumann, Wilhelmshaven
Institut für Industrielle und Biologische Forschung, Köln
Die biologisch wichtigen Inhaltsstoffe der Pflaumen und die Ursachen ihrer laxierenden Wirkung
1965. 52 Seiten, 18 Tabellen. DM 22,70

HEFT 1604
Dipl.-Ing. Hans R. Seifert
Max-Planck-Institut für Arbeitsphysiologie, Dortmund
Der Wärmeaustausch durch die schweißbedeckte Haut bei Umgebungstemperaturen oberhalb der Hauttemperatur *In Vorbereitung*

HEFT 1619
Priv.-Doz. Dr. med. Franz Franzen,
Medizinische Universitätsklinik Köln
Direktor: Prof. Dr. med. Dr. h.c. Dr. h.c. Hugo Wilhelm Knipping
Untersuchungen zur Frage der Entstehung und pathophysiologischen Bedeutung biogener Amine bei subletalen Strahlenschäden
1966. 19 Seiten, 6 Abb., 2 Tabellen. DM 14,80

HEFT 1633
Prof. Dr. Werner Scheid, Priv.-Doz. Dr. Rudolf Ackermann, Dr. Helmut Bloedhorn, Dr. Brunhilde Küpper und Irmtraut Winkens, Universitäts-Nervenklinik Köln
Untersuchungen zur Epidemiologie des Virus der Lymphocytären Choriomeningitis (LCM) in Westdeutschland
Prof. Dr. Werner Scheid, Priv.-Doz. Dr. Rudolf Ackermann, Dr. Helmut Bloedhorn, Dr. Reinhold Löser, Gisela Liedtke und Nada Škrtić, Universitäts-Nervenklinik Köln
Untersuchungen über das Vorkommen der Zentraleuropäischen Enzephalitis in Süddeutschland
1966. 82 Seiten, 2 Abb., 12 Tabellen. DM 34,—

HEFT 1639
Prof. Dr. Siegfried Niedermeier,
Chefarzt der Augenklinik der Städt. Krankenanstalten Krefeld
Zur Frühdiagnose infarktgefährdeter Menschen
1966. 121 Seiten, 1 Abb. DM 41,—

HEFT 1653
Deutsches Krankenhausinstitut e. V., Düsseldorf
Physikalische Therapie
Studie zur Organisation und Gestaltung physikalisch-therapeutischer Abteilungen Allgemeiner Krankenhäuser *In Vorbereitung*

HEFT 1660
Dr. med. Walter Becker,
Medizinische Klinik der Städt. Krankenanstalten Krefeld
Chefarzt: Prof. Dr. H. Sack
Der Nachweis der Vanillinmandelsäure und ihre Bedeutung für die Differentialdiagnose der Hypertonie
1966. 26 Seiten, DM 13,40

HEFT 1686
Prof. Dr. phil. Dr. med. h. c. Heinrich Kraut,
Dipl.-Volksw. Dr. agr. Hermann Droste und Lebensmittelchemiker Dr. rer. nat. Friedrichkarl Jekat,
Max-Planck-Institut für Ernährungsphysiologie, Dortmund
Untersuchungen über den Bedarf des Menschen an Calcium und Phosphor in Beziehung zum Stickstoffbedarf

HEFT 1738
Prof. Dr. Manfred Hartung, Prof. Dr. med. Helmut Venrath, Prof. Dr. Wilder Hollmann, Doz. Dr. Wolf Isselhardt und Dr. Dieter Jaencker, Institut für Kreislaufforschung an der Deutschen Sporthochschule in Köln
Über die Atmungsregulation unter Arbeit
In Vorbereitung

Verzeichnisse der Forschungsberichte aus folgenden Gebieten können beim Verlag angefordert werden:
Acetylen/Schweißtechnik – Arbeitswissenschaft – Bau/Steine/Erden – Bergbau – Biologie – Chemie – Druck/Farbe/Papier/Photographie – Eisenverarbeitende Industrie – Elektrotechnik/Optik – Energiewirtschaft – Fahrzeugbau/Gasmotoren – Fertigung – Funktechnik/Astronomie – Gaswirtschaft – Holzbearbeitung – Hüttenwesen/Werkstoffkunde – Kunststoffe – Luftfahrt/Flugwissenschaften – Luftreinhaltung – Maschinenbau – Mathematik – Medizin/Pharmakologie – NE-Metalle – Physik – Rationalisierung – Schall/Ultraschall – Schiffahrt – Textilforschung – Turbinen – Verkehr – Wirtschaftswissenschaften.

Springer Fachmedien Wiesbaden GmbH

GPSR Compliance
The European Union's (EU) General Product Safety Regulation (GPSR) is a set of rules that requires consumer products to be safe and our obligations to ensure this.

If you have any concerns about our products, you can contact us on

ProductSafety@springernature.com

In case Publisher is established outside the EU, the EU authorized representative is:

Springer Nature Customer Service Center GmbH
Europaplatz 3
69115 Heidelberg, Germany

www.ingramcontent.com/pod-product-compliance
Ingram Content Group UK Ltd.
Pitfield, Milton Keynes, MK11 3LW, UK
UKHW061659190726
13853UKWH00008B/2307